哪种鸟儿的目光最敏锐呢

有关感觉器官的 40 个趣问妙答

[英]德博拉·钱塞勒/著　　谢　笛/译

浙江教育出版社·杭州
Zhejiang Education Publishing House
全国百佳出版社

目录

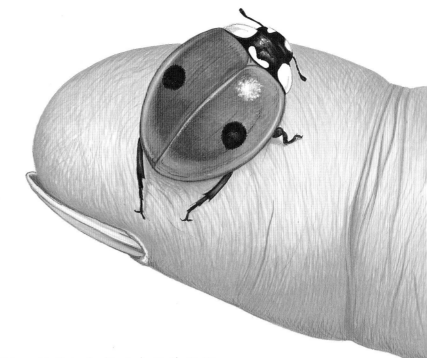

我是如何感觉这个世界的

你有5种不同的感官能力,它们分别是嗅觉、视觉、听觉、触觉和味觉。每一种能力都非常重要,它们能让你辨别出闻到了什么,看到了什么,听到了什么,碰到了什么,吃了什么。

感觉器官会帮助你认识整个世界。有了它们的帮助,你不但能躲避危险,还能享受许多美好的事物,譬如音乐。

有一些人宣称,他们在没有运用任何感觉器官的情况下,也能了解发生了什么事。通常这样的能力被称作"第六感"。

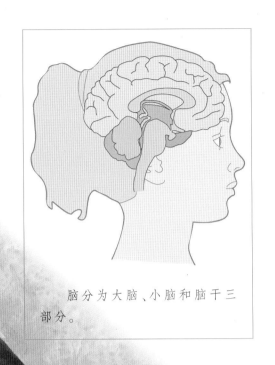

脑分为大脑、小脑和脑干三部分。

感觉器官工作时需要和神经系统配合吗

没有大脑,你的感觉器官就无法工作。你的眼睛、耳朵、鼻子、舌头和皮肤会通过感觉神经把相关的信息传达到你的大脑。大脑会告诉你该如何反应。

为什么北极熊总是如此警觉

动物的各种感官能力非常强。一只北极熊能闻到身处20千米以外的猎物的气味。这就意味着,为了饱餐一顿,它有可能得跑半个马拉松的路程。

为什么我的舌头表面凹凸不平

你的舌头上有许多小小的突起，这些突起叫作味蕾。当你满口食物的时候，你的味蕾会立刻把相关的信息传达到大脑。你马上就会知道食物是什么味道的、你究竟喜不喜欢。大部分人都喜欢吃甜食，如棉花糖。

为什么说鲶鱼很像一根舌头

鲶鱼全身布满了味蕾，甚至在它那些长长的鱼须上也布满了味蕾。这些味蕾可以帮助鲶鱼在泥水中寻找食物。

绿头苍蝇用足"品尝"食物。它们的足上长有特殊的毛，可以"尝"出食物的味道。如果不喜欢这个味道，它们就会掉头飞走。

女孩的感觉器官比男孩的更灵敏吗

大多数人的嘴里有超过 10,000 个味蕾。如果你是个女孩，那你的味蕾比大部分男孩的多。你的味蕾大部分长在舌头的上表面。

很多蔬菜都有苦味。小孩子不喜欢吃苦的东西，不过为了健康，还是要多吃蔬菜。

考拉到底有多难伺候

考拉可以说是世界上最挑剔的动物了。大部分的动物会吃各种各样的食物，而它们只吃桉树叶，几乎一整天都待在桉树上。

你的味觉会帮助你拒绝吃一些已经坏掉的食物。腐烂的苹果吃起来味道很差，所以在还没有把它咽下去之前，你一定会把它吐掉。

黑脉金斑蝶是对甜味最敏感的动物。它对甜味的敏感程度要比你高出 1,000 倍！

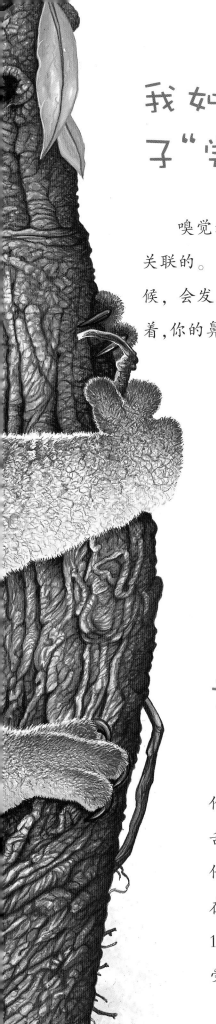

我如何用鼻子"尝"味道

嗅觉和味觉有时候是相关联的。当你感到很冷的时候，会发生鼻塞。这就意味着，你的鼻子"尝"不到食物的味道了。

数千年之前，很多甜的食物，如蜂蜜，是很难找到的。我们的祖先无论何时发现甜食，都会马上把它们吃掉。直到现在，还是有许多人特别偏爱甜食。

为什么柠檬是酸的

柠檬中含有一种叫作柠檬酸的物质，它使舌头两侧的味蕾向大脑传递酸味的信息。只要在 5,000 滴清水中加入 1 滴柠檬汁，你就能感受到这种酸味。

为什么狗鼻子可以帮助人类

狗的嗅觉比人灵敏上千倍，所以警察和海关人员训练狗，以便帮助他们寻找毒品和炸药。警察还利用警犬寻找失踪的人或嫌犯。

人在受到惊吓的时候，身体会分泌出一种特殊的化学物质。这就是狗和马为什么能通过气味得知主人受惊的原因。对于那些胆小的牛仔新手来说，这可不是什么好事！

大脑如何感知气味

当你用鼻子闻气味的时候，含有这种气味的空气会进入你的鼻腔。嗅神经识别出气味，把信息传递给大脑。大脑会直接告诉你，你闻到的是什么气味。

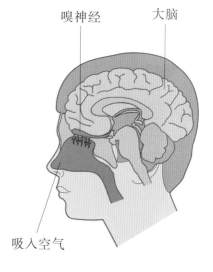

嗅神经　　大脑

吸入空气

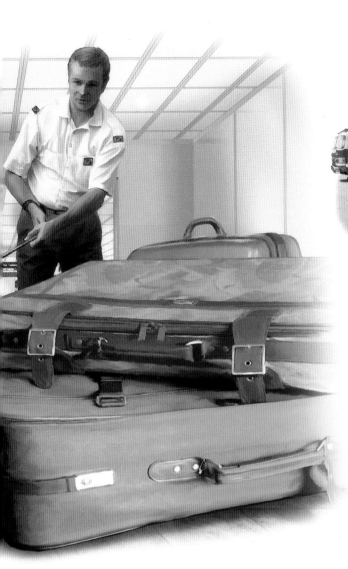

我如何避开难闻的气味

气味会告诉你哪些物质是好的,哪些物质是不好的。嗅觉会警告你逃离危险,如有害气体。这样,在这些有害的物质危害到你之前,你就能及时做出有效反应。

气味能激活你大脑中管理情绪的部分,让你回忆起好的事物或者不好的事物。令人愉悦的气味,如新鲜蛋糕的香味,能让你开心;反之,糟糕的气味会让你感到不舒服。

动物会利用气味来标记自己的领地,从而吓跑入侵者。有些雄飞蛾会在 3 千米之外闻到令自己心仪的雌飞蛾的气味,然后它们会耗费一个半小时去寻找自己的梦中情人。

为什么臭鼬是臭的

　　臭鼬的气味是世界上最难闻的气味之一。如果被天敌(譬如熊)攻击,臭鼬就会把恶臭的液体喷到天敌的眼睛上。这种液体闻起来令人非常不舒服,天敌只得让臭鼬在其眼皮子底下逃走。

　　蚊子通过气味寻找目标。它们尤其喜欢热烘烘、湿答答的脚的气味。

我的嗅觉比妈妈的灵敏吗

　　当你还是个儿童的时候，你的嗅觉是最好的。你可以分辨 4,000～10,000 种不同的气味。随着年龄的增长，你的嗅觉能力会慢慢减弱。的确，你的嗅觉比妈妈的更加灵敏。

　　有一些气味容易勾起你的回忆。爆米花能让你想起最喜欢的一部电影。这是由于掌管气味的嗅觉器官和大脑中掌管情感的部分相连。

世界上有哪些气味

　　哪些气味是令人舒服的，哪些气味是难闻的，你一定能很快辨别出来！世界上一共有 4 大类不同的气味：香味（如玫瑰的气味）、新鲜的味道（如松树林的气味）、辣味（如肉桂的气味）和腐烂的味道（如坏掉的鸡蛋的气味）。

触觉能给予我们什么帮助

你的皮肤里面藏着几百万个触觉感受器。它们会将信号传递到你的大脑中，告诉你下一步该做什么。比如，在火焰要烧到你之前，你就会连忙躲开。

你的指甲和头发里是没有任何神经的。所以剪掉它们的时候你不会感到疼痛。

瓢虫是怎样在你的指尖挠痒痒的

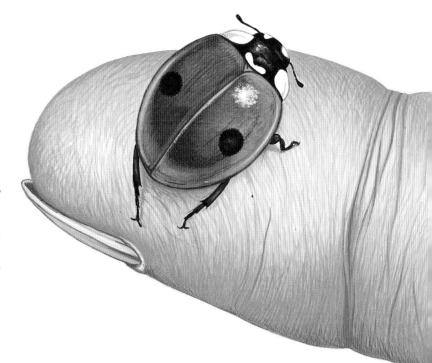

指尖是身体上最敏感的部分。每一个指尖上大概有 100 个触觉感受器。这意味着，当一只瓢虫爬过时，你会感到指尖痒痒的，即使它只移动了几毫米。

当你一开始穿上衣服的时候，你能马上"感受"到衣服。之后你的触觉感受器会习惯这件衣服，然后停止工作。这就是我们在洗澡之前常会忘记脱掉袜子的原因！

鼹鼠是如何寻找食物的

有一些动物依靠触觉生存。星鼻鼹鼠的视力不太好，但它能通过触觉来寻找食物。在它的大脑和鼻子之间有 100,000 条神经纤维，这可比你手上的神经纤维多 6 倍！

狗喘气是为了散热吗

和其他很多动物一样，狗喘气是为了散热。它们也会躲到阴凉处或者水中以驱散热气。

沙漠中的鬣蜥必须在温度适中的沙子里孵蛋。这种聪明的蜥蜴知道如何判断沙子的温度，误差不会大于1℃。

人在感到冷的时候为什么会打战

当你感到冷的时候，你的肌肉会快速收缩，以产生更多的热量。当你的下巴移动的时候，牙齿也会随着肌肉一起打战。

北极的气温常年低于 0℃。
那儿有一种青蛙，在被冻僵的
情况下也能生存。

为什么人的舌头很
容易被烫到

　　舌头的触觉非常灵敏,但对食物究竟
是太冷还是太热不甚敏感。如果你吃了很
烫的东西,在你还未感到烫之前,你的舌
头也许就被烫伤了。

疼痛有什么重要作用

疼痛是一种对你身体的警告。通常情况下，如果你感到疼痛，就必须停止做某事，或者是远离会伤害到你的东西。当你的脚崴了的时候,疼痛会在你受伤更为严重之前警告你不要动。

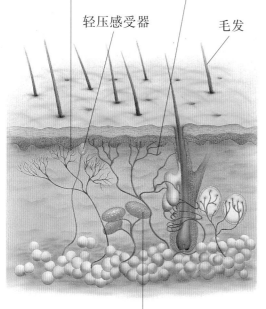

冷热、痛觉感受器   轻压和轻触感受器

轻压感受器   毛发

重触感受器

为什么我能迅速感到疼痛

你的痛觉总是能迅速地产生。这是因为和其他类型的触觉感受器相比,你皮肤里面的痛觉感受器特别多。每平方厘米的皮肤里面就有约200个痛觉感受器。

如果你的手碰到像仙人掌这样带刺的东西,你的手会不自觉地移开,即便在你还没反应过来的情况下。

为什么说冰激凌会使人感到疼痛

当冰冷的冰激凌碰到你嘴巴里的"天花板"时,就会触发你的痛觉反射。神经系统接收到冷的信号,迅速发出指令使血管扩张,试图使你的大脑暖和起来。幸运的是,大脑产生的疼痛感只会持续30秒钟,而正在享用美味的你一般不会注意到这种疼痛。

海豚能在很远的地方听到声音吗

声音不仅能在空气中传播,也能在水中传播。海豚能在海洋中远距离联系与沟通。它们的听力比我们人类的要强多了。

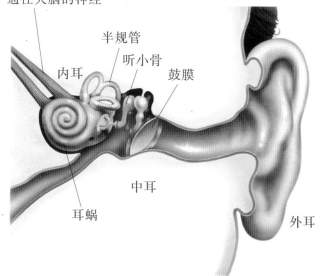

通往大脑的神经

半规管

听小骨

内耳

鼓膜

耳蜗

中耳

外耳

什么样的"鼓"能让我们听到各种声音

我们的耳朵里藏着一只"鼓"。这一片薄薄的皮肤叫作"鼓膜"。当你听到声音时,它就会开始振动。振动通过耳朵中的听小骨传达到耳蜗中。你的大脑接收了耳蜗传来的信息,你就能听到声音了。

孩子的听觉一般比大人好。这就是为什么你能比你的爷爷奶奶听到更多的声音。

蛇没有耳朵，但它们也有听觉。它们的鳞片、肌肉、骨骼能感知振动，在它们的大脑里形成听觉。

两只耳朵听声音会好于一只耳朵吗

当声音传过来的时候，你的两只耳朵一起工作。声音传达到两只耳朵的时间是有很细微的差别的，这可以帮助你判断声音究竟是来自于左边还是右边。

耳朵如何帮助我保持平衡

　　耳朵并不只是光用来听声音的，它还可以帮助你保持平衡。这要感谢内耳中的一种结构。全靠它，体操运动员才具有很好的平衡能力，能在平衡木上做出各种高难度的动作。

　　当你坐在一辆飞驰的汽车里的时候，你的感知能力会受到干扰。你的眼睛盯着车里相对静止的事物，但你的内耳会感觉到你在移动。这会让你很难受。

　　大象的大耳朵在大热天里非常管用。它们像扇子一样帮大象降温。

什么样的液体会使我感到头昏眼花

当你在旋转的时候，你内耳中的某种液体也会跟着一起旋转。当你停止的时候，内耳中的液体却要过一阵子才停止旋转。这就是为什么你会感到头昏眼花了。

当你登上一座高山或是在飞机里时，气压会随着高度的增加而减小。这会影响你的鼓膜，让你的耳朵隐隐作痛并伴有耳鸣的症状。

什么动物听到回声会感到异常兴奋

蝙蝠是陆生动物中听力最棒的。蝙蝠会发出异常高频的声波，用以迷惑它的猎物。当声波反射回来的时候，蝙蝠可以借此判断出猎物有多大、它的移动速度有多快，以及它具体在什么地方等。

23

声音传播的速度很大吗

声音传播的速度很大,可以达到 1,225 千米/时。光传播的速度更大,所以有的时候会出现"先看到东西,再听到声音"的情况。如果很远的地方有一艘宇宙飞船正要升空,你一定会先看到喷出的火焰,再听到巨大的声音。

如果你吹狗哨,狗马上就能听到,但这个声音你自己未必能听到,这是因为狗哨发出的声音的频率超过了人类的听力范围。

有一些歌唱家发出的声音能震碎玻璃。如果他们的歌声正好能与玻璃产生共振,并继续提高响度,那玻璃就会碎掉。

如何测量声音的相对响度

声音的相对响度的测量单位叫作"分贝"。很轻的声音,如人们讲悄悄话时的相对响度只有20分贝。喷气式飞机起飞时发出的声音大约为140分贝。最响的要数火山喷发时发出的声音了。要注意,如果长时间听很响的声音,听力可能会受到伤害!

一些雷达可以接收来自外太空的无线电波。科学家会仔细地筛查这些信号,希望有朝一日,能与外太空生物联系。

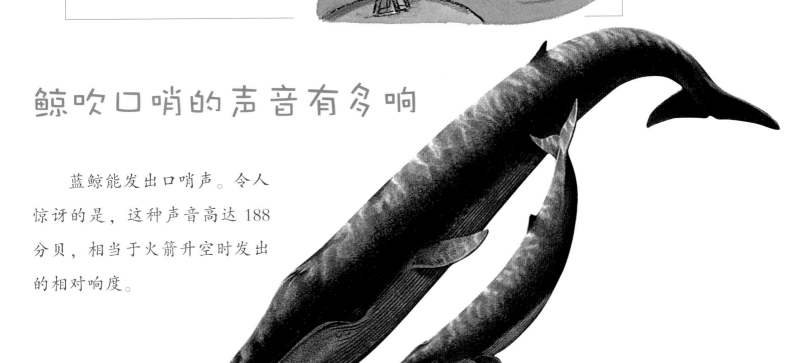

鲸吹口哨的声音有多响

蓝鲸能发出口哨声。令人惊讶的是,这种声音高达188分贝,相当于火箭升空时发出的相对响度。

哪种鸟儿的目光最敏锐呢

鹰的视力非常好。它能看到 1 千米以外一只正在移动的老鼠。鹰眼中每平方毫米就有 100 万个视觉感受器。这比人眼睛里的视觉感受器要多 5 倍。

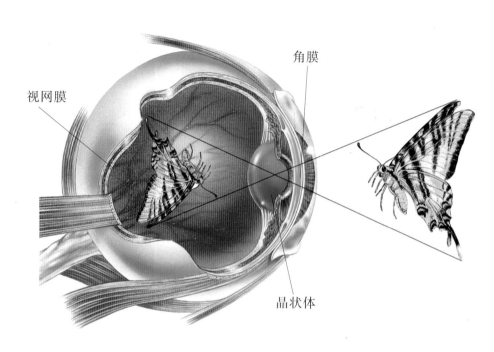

视网膜

角膜

晶状体

世界在什么时候是颠倒的

当你看着某个物体的时候,从物体表面反射的光会进入你的瞳孔。这些光通过你眼中的晶状体,在你的视网膜上形成影像。这个影像是颠倒的,但是大脑在处理信息的时候会使你感觉看到的东西是正立的。

世界上最大的天文望远镜被放置在夏威夷岛的一座山上。它有 8 层楼那么高,能观测到 150 千米以外的一个小小的高尔夫球。

婴儿在出生以后,就会慢慢开始学习上和下的区别。一开始,他们看东西是无法聚焦的,但看到的东西也并非上下颠倒的!

为什么瞳孔在黑暗的环境中会放大

在看物体的时候,你需要光。在黑暗的环境中,人的瞳孔会放大,这是为了让更多的光进入眼球。

在亮的地方,
瞳孔会收缩。

在暗的地方,
瞳孔会放大。

谁会分不清各种颜色

彩虹有7种颜色。事实上,人的肉眼可以分辨出800万种不同的颜色。不过,有一些人是色盲,他们分不清一些颜色,特别是绿色和红色。

猫为什么在黑暗的环境中会睁大眼睛

猫眼球的视网膜内有一块可以反映光照变化的薄薄的物质,它能帮助猫看得更加清楚。猫在黑暗的环境中总是把眼睛睁得大大的,这样就可以吸收更多的微弱光。

侏儒眼镜猴的个头很小,和身体相比,它的眼睛就显得非常大了。如果我们也有和侏儒眼镜猴相同比例的眼睛,那每只眼睛恐怕已经和西柚差不多大了!

鸵鸟的眼睛比它的大脑大很多。

为什么在狗的眼中世界是灰色的

狗的眼球后面没有任何可以鉴别色彩的视觉细胞。所以,它们眼中的世界是一片灰暗的。

为什么眼镜可以帮助你聚焦

如果你是近视眼，你就看不清远处的物体；如果你是远视眼，你就看不清近处的物体。这主要是因为每个人眼中的晶状体形状各异。只有加一副"人为的改良过的晶状体"，如框架眼镜片或隐形眼镜片，才能让眼前的世界看起来更为清晰。

每隔 2～10 秒钟你就会眨一下眼睛，每次需要 0.3 秒。这意味着，每天你要在眨眼睛上花费 30 分钟。所以，平时走路的时候一定要小心看路！

为什么强光会损伤视力

长时间注视强光会损伤眼球背后视网膜上的视觉细胞。即使戴上太阳镜，也不能直视太阳的光芒，否则可能会使你丧失视力。

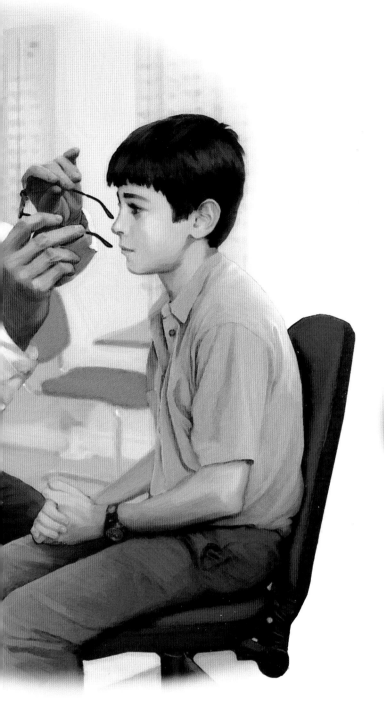

眉毛和眼睫毛有什么用

眉毛可以防止汗液流入眼睛,眼睫毛也同样重要,它能帮助你的眼睛保持干净,还能避免强光进入眼睛。

哭泣有时候并不是一件坏事,这会使你的眼睛保持健康的状态。眼泪中的盐分清洗你的眼睛,使你的眼睛全天湿润润的。所以,经常切洋葱的厨师的眼睛一定保护得不错!

蛇没有眼睑,它们的眼睛无法合上,所以蛇总是睁着眼睛睡觉!

图书在版编目（CIP）数据

哪种鸟儿的目光最敏锐呢 ／（英）钱塞勒著；谢笛
译. -- 杭州：浙江教育出版社，2013.10
（我想知道为什么）
ISBN 978-7-5536-1163-1

Ⅰ．①哪… Ⅱ．①钱… ②谢… Ⅲ．①鸟类－少儿读
物 Ⅳ．①Q959.7-49

中国版本图书馆CIP数据核字(2013)第208854号

Copyright ⓒ Macmillan Children's Books 2007
版权合同登记号　浙图字：11-2012-281 号

我想知道为什么
哪种鸟儿的目光最敏锐呢
[英]德博拉·钱塞勒/著　　　谢　笛/译

责任编辑　蔡　歆
责任校对　赵露丹
责任印务　陆　江
出版发行　浙江教育出版社
　　　　　　　（杭州市天目山路 40 号　　邮编 310013）
激光照排　杭州兴邦电子印务有限公司
印　　刷　杭州富春印务有限公司
开　　本　600×960　　1/8
印　　张　4
字　　数　40 000
版　　次　2013 年 10 月第 1 版
印　　次　2013 年 10 月第 1 次
标准书号　ISBN 978-7-5536-1163-1
定　　价　12.80 元
联系电话　0571-85170300-80928
电子邮箱　zjjy@zjcb.com
网　　址　www.zjeph.com